DIRECTEUR

GUSTAVE PHILIPPON

Docteur ès sciences

Les Nids

PAR

CHARLES MARTIN

HENRI GAUTIER, éditeur, 55 Quai des Gds Augustins, PARIS

N° 83 | Il paraît un volume tous les quinze jours

BIBLIOTHÈQUE SCIENTIFIQUE DES ÉCOLES ET DES FAMILLES

CONDITIONS DE VENTE :

CHEZ TOUS LES LIBRAIRES MARCHANDS DE JOURNAUX ET DANS LES GARES

LE VOLUME : 15 CENTIMES

Franco par la poste en s'adressant à M. HENRI GAUTIER, Editeur, 55, quai des Grands-Augustins, Paris

Un volume : 20 centimes;

2 vol. 35 centimes ; 25 vol. 4 francs.

VOLUMES EN VENTE :

1. **La Photographie**, les appareils et leur usage, par A. et L. LUMIÈRE.
2. **Les Fourmis**, par H. MERCEREAU.
3. **Les Travaux de M. Pasteur**, par GUSTAVE PHILIPPON
4. **Les Parfums**, par H. COUPIN.
5. **Neige et Glaciers**, par C. VELAIN.
6. **Lavoisier, sa vie, ses travaux**, par H. MERCEREAU.
7. **Les Ballons**, par CAPAZZA.
8. **Sucres, Sucrerie et Raffinerie**, par A. HÉBERT.
9. **Les Animaux travailleurs**, par VICTOR MEUNIER.
10. Les Plantes vénéneuses, par L. DUCLOS.
11. **La Soie, soie naturelle, soie artificielle**, par H. MERCEREAU.
12. **Les Impôts sous l'ancien Régime**, par L. PRÉVAUDEAU.
13. **La Photographie**, développement et tirage, par A. et L. LUMIÈRE.
14. **Le Collectionneur d'insectes**, par HENRI COUPIN.
15. L'Éclairage électrique, par E. DUMONT.
16. **L'Industrie de l'alcool**, p. A. HÉBERT.
17. **Les Microbes de l'air**, p. R. CAMBIER.
18. La Fièvre, théories anciennes et modernes, par le Dr GARRAN DE BALZAN.
19. **Le Diamant**, par H. MERCEREAU.
20. **La Céramique et la Verrerie à travers les âges**, par CH. QUILLARD.
21. **Hygiène du Chauffage et de l'Eclairage**, par N. GRÉHANT.
22. **Les Impôts depuis la Révolution**, par L. PRÉVAUDEAU.
23. **Les Pierres tombées du ciel**, par STANISLAS MEUNIER, pr. au Muséum.
24. **Le Soleil**, par CHARLES MARTIN.
25. **Le Croup**, par le Dr LESAGE.
26. **Les Travaux d'Edison**, p. E. Dumont.
27. **Les Voitures sans chevaux**, par E. DUMONT.
28. **Iles et Récifs madréporiques**, par EDMOND PERRIER, de l'Institut.
29. **La Chimie de la Table**, par X. ROCQUES, expert-chimiste.
30. **L'Or**, par H. MERCEREAU.
31. **La Poste aérienne à travers les âges**, par CH. SIBILLOT.
32. **Les Etoiles**, par CHARLES MARTIN.
33. **Le Surmenage moderne et la Neurasthénie**, par le Dr AZYGOS.
34. **Le Fer**, par R. JAGNAUX.
35. **L'Allaitement**, par le Dr PORAK.
36. Les Eaux de table, par le Dr LAUMONIER.
37. **Les Engrais chimiques**, E. ROUX.
38. **Les Vers parasites de l'homme**, par CHATIN de l'Acad. de Médec.
39. **Le Vin**, par A. HÉBERT.
40. **Le Pigeon messager et ses applications**, par CH. SIBILLOT.
41. **Les Cyclones**, par L. BESSON.
42. L'Hygiène de la Table, par X. ROCQUES
43. Cyclisme et Cyclistes p. H. DE GRAFFIGNY
44. **Le Ciel**, par CHARLES MARTIN.
45. **Les Eléments de la Céramique et de la Verrerie**, par CH. QUILLARD
46. **Les Tremblements de Terre**, par VICTOR MEUNIER.
47. **Les Pierres précieuses**, GAUBERT.
48. **L'Hygiène de l'Habitation**, par le Dr LAUMONIER.
49. **La Navigation à voiles et à vapeur**, par MICHEL-JULES VERNE.
50. **Perles et Pêcheries**, par H. MERCEREAU.
51. **Les Cures d'Eaux**. *Vichy et Stations similaires*, par le Dr J. LAUMONIER.
52. Les Bains de Mer, p. le Dr J. LAUMONIER.
53. **Un Fléau social, l'Alcoolisme**, par le Dr LEGRAIN.
54. La Planète Mars, par C. FLAMMARION.
55. **Maladies et Moyens de Défense**, par le Dr A. DEMMLER.
56. **Le Sel**, par M. ARSANDAUX, attaché à l'Observatoire de Montsouris.
57. **Les Rayons X**, par PAUL PHILIPPON, répétiteur à la Sorbonne.
58. **Le Cuir**, par M. LAMAY.
59. **Les Continents disparus**, H. GUÈDE.
60. **L'Alimentation des Plantes**, leur nourriture, par E. ROUX.
61. **La Photographie positive sur verre et les Projections lumineuses**, par G. PHILIPPON.
62. Les Poisons Minéraux, p. E. TASSILLY.
63. **La Mécanique du Cœur**, par Ch. CONTEJEAN.
64. **La Race bovine**, par M. BROCCHI.
65. **Le Fond de la Mer**, par J. GIRARD.
66. **La Culture Maraîchère**, E.A. SPOLL.
67. **La Mosaïque**, par E. LAURENCIE.
68. **Les Habitants des Mers anciennes**, par E. GUÈDE.
69. **La Peste**, par le Dr LAUMONIER.
70. **La Bière**, par A. HÉBERT
71. **Le Sang**, par le Dr AZYGOS.
72. **Les Poules**, par E.-A. SPOLL.
73. Traitement de la Phtisie Pulmonaire, par le Docteur LERAY
74. **Les Volcans**, par CHARLES MARTIN.
75. **La Vigne**. Sa Culture, ses Maladies, par E.-A. SPOLL.
76. Les Remèdes nouveaux par L. DUCLOS.
77. **La Galvanoplastie**, H. MERCEREAU.
78. **La Fabrication des Poteries**, par Ch. QUILLARD.
79. La Photographie positive sur verre et les projections, par G. PHILIPPON.
80. **Les Abeilles**, par Ch. MARTIN.
81. **Les Poisons organiques**, par EUGÈNE TASSILLY.
82. **Le Soufre et l'Acide sulfurique**, par H. ARSANDAUX.

LES NIDS

PAR CHARLES MARTIN

I

DES NIDS EN GÉNÉRAL

Les oiseaux ne sont pas les seuls animaux capables de construire des édifices plus ou moins remarquables. Un grand nombre d'êtres appartenant aux divers groupes zoologiques savent le faire, mais le plus souvent ces constructions ne méritent pas le nom de *nids*. Ce sont plutôt des demeures, des retraites, aménagées pour l'individu qui les a faites à son usage. L'oiseau, lui, travaille pour la famille.

Si l'on voulait trouver des exemples d'instinct nidificateur vraiment remarquables et qu'on puisse rapprocher de celui des oiseaux, c'est dans la classe des insectes qu'il les faudrait chercher. Les nids des fourmis, les constructions des abeilles, les travaux exécutés par les termites (1) méritent certes d'arrêter l'attention. Leurs instincts et les particularités de leurs mœurs ne laissent pas que d'être à la vérité merveilleux.

Toutefois, on peut remarquer que les insectes sont admirablement outillés. Ce qu'il faut surtout admirer chez l'oiseau, en présence de la perfection du résultat obtenu, c'est

1. Voir: *les Fourmis* (Mercereau), *les Abeilles* (C. Martin), *les Animaux travailleurs* (V. Meunier).

la faiblesse des instruments mis à sa disposition. L'outil, c'est le corps de l'oiseau. D'instruments particuliers il n'en a point, à vrai dire. Son bec et ses pattes ne semblent pas faits pour mener à bien les étonnants travaux auxquels il sait les faire servir... quand le sentiment de la famille vient à l'inspirer; et, ainsi qu'on l'a pu dire, si les insectes sont ouvriers de naissance, « l'oiseau ne l'est que pour un temps, par l'inspiration de l'amour(1) ».

L'approche de la maternité est chez l'oiseau le signal d'une véritable transformation et l'éveil de dispositions nouvelles merveilleuses.

Tant qu'il est seul, il ne niche point : pour toit, il n'a qu'une feuille. Libre et indépendant, ayant pour lui l'espace illimité, il ne s'enferme jamais. Contre les intempéries et les mille périls qui le menacent il se défend et s'abrite comme il peut et où il peut. Le feuillage des arbres, d'un buisson, le rebord d'un toit, une cheminée, un trou de muraille, cela lui suffit. Mais viennent la saison des amours et les premiers soucis d'une famille à élever, tout change. L'oiseau le plus indépendant va devenir bientôt sédentaire; le plus insouciant est maintenant un modèle de prévoyance et de prudence; et, s'il est nécessaire, les plus timides deviennent audacieux et font preuve du plus grand courage.

Rien ne rebutera l'oiseau pour mener à bien le grand œuvre qui doit assurer le confort et la sécurité de la couvée prochaine; il ne s'épargnera aucune fatigue, il ne reculera devant aucune course, si lointaine soit-elle, pour aller chercher et réunir les matériaux de l'édifice qu'il destine à sa nichée; et le *nid*, cet objet souvent charmant et d'une délicatesse merveilleuse, est bien, comme l'a dit Michelet, une création de l'Amour.

L'oiseau montre, en effet, au moins dans la grande majorité des cas, la sollicitude la plus touchante pour ses petits. Ce n'est pas assez des travaux (si remarquables, nous le verrons) de la construction. Le nid achevé, tout n'est pas fini. Après la ponte, l'incubation longue, laborieuse, patiente, obstinée, faite de privations et de renoncement ; et, quand les petits sont éclos, l'éducation des jeunes commence. Avec

1. Michelet (*l'Oiseau*).

quelle sollicitude et quels soins éclairés et charmants? C'est ce que révèle l'histoire des oiseaux; et les parents ne reprennent leur liberté que lorsque, cette éducation achevée, ils ne sont et ne se croient plus nécessaires.

Tout autant que la construction même, ces soins qui prolongent la sollicitude de l'oiseau pour ses petits bien au delà de l'incubation fontpartie de l'histoire des nids. Ceux-ci sont des berceaux. Leur nom évoque l'image de la famille et parle d'amour et de sacrifices consentis. Aux personnes qui n'ont pas vécu seulement dans les villes, et dont les souvenirs d'enfance se rattachent à la vie champêtre, il rappelle les joies que leur procura la trouvaille d'un nid de fauvette ou de pinson. Ces charmants oiseaux ont des nids charmants aussi, car l'habitation est en général en rapport avec l'oiseau qui l'occupe. C'est à eux, aux mésanges, aux rouges-gorges que l'on pense lorsqu'on prononce le nom de *nid* et ce mot évoque le plus souvent l'image d'une corbeille artistement tressée d'où surgit un ébouriffement de plumes ou le minois éveillé d'une jeune mésange. Tous les nids ne sont point gracieux comme ceux-là; mais tous sont intéressants et méritent examen. A vrai dire, le nid et toutes ses conséquences, c'est toute l'histoire de l'oiseau.

Et voilà pourquoi, lorsqu'on parle de nids, c'est aux nids d'oiseaux que l'on songe. C'est d'eux seulement qu'il s'agit ici.

Protection aux nids. -- Les nids doivent être respectés. Notre seul intérêt le commande. La plupart des oiseaux sont utiles.

Beaucoup sont injustement suspectés. Tels les becs-fins qui, s'ils becquettent les cerises, le font seulement pour y chercher le petit ver qui y est logé; tel le rouge-gorge qui frappe à grands coups de bec les barbes de l'épi et détruit le charançon qui eût rongé le grain. Pour ceux-là même qui, à n'en pas douter, ne dédaignent point les fruits ou les graines et ne peuvent s'abstenir de s'en régaler, il y aurait une balance à faire pour décider si les services qu'ils rendent ne l'emportent pas sur les dégâts. Pour un peu de grain détourné, l'*avare* agriculteur (pour employer l'expression significative de Virgile), fait la guerre à ses plus puissants alliés et tire sur ses troupes. Aveugle qui ne comprend pas qu'il serait, sans l'oiseau, désarmé contre l'innombrable tribu des insectes. On a évalué à 300 millions les dégâts causés chaque année par les insectes nuisibles, sans compter le phylloxera. Ces ennemis insaisissables sont, en effet, légion et doués d'une terrifiante faculté de reproduction. Qu'on en tue, qu'on en écrase des millions! des millions encore apparaissent. Essayer de lutter est inutile : *ils sont trop*. Mais voici l'oiseau et sa couvée exigeante, toujours affamée, s'égosillant à clamer pâture. L'oiseau, qui n'a pas de lait pour nourrir ses petits, demande ses ressources à la chasse, et cette chasse est prodigieusement productive. Une hirondelle n'a pas assez de 1.000 mouches par jour; un couple de moineaux porte à ses petits 4 à 5.000 vermisseaux par semaine; en vingt jours, temps nécessaire aux mésanges pour élever leur couvée, celle-ci consomme 45.000 chenilles, et le roitelet, si petit, n'absorbe pas moins d'un millier de chenilles par jour pour lui tout seul. Michelet n'a-t-il pas raison quand il déclare que l'oiseau n'a pas besoin de l'homme mais que l'homme ne saurait vivre sans l'oiseau?

Un peu de classification. — Dans le seul groupe des oiseaux, il existe bien des différences, bien des degrés dans l'art des constructions

L'illustre naturaliste Lacépède y trouve les éléments d'une classification ascendante :

1. Au bas de l'échelle, les oiseaux qui ne construisent pas de nid ou s'emparent d'un nid étranger ;

2. Ceux qui composent leurs nids avec des matériaux grossiers réunis sans soin ;

3. Ceux dont le nid est formé de matières choisies soigneusement préparées et apportées de loin ;

4. Ceux qui fabriquent leur nid avec des matériaux qu'ils entrelacent et tissent de façon souvent merveilleusement habile ;

5. Ceux qui font preuve de discernement dans le choix de la position la plus convenable pour l'établissement du nid ;

6. Ceux dont le nid a une entrée étroite, un auvent, des conduits tortueux et plusieurs compartiments ;

7. Ceux qui se réunissent à d'autres couples pour construire des nids qui se touchent et qui reçoivent ainsi plusieurs ménages ;

8. Enfin ceux qui forment des sociétés nombreuses dont les nids sont couverts d'une enveloppe commune, due à un concert de volonté, de ressource et d'adresse.

Plusieurs auteurs distinguent les oiseaux fouisseurs, les maçons, les tisserands, etc.

Les limites de démarcation sont assez difficiles à établir.

On voit du moins par la liste qui précède, et qui pourrait servir de programme à l'étude de l'architecture des oiseaux, quelle variété présente la construction des nids.

Nous nous bornerons à choisir quelques exemples, nous attachant de préférence à ceux qui sont peu connus et pourtant authentiques, et à ceux-là surtout qui témoignent d'une réelle intelligence chez les oiseaux. Au cours de l'exposé sommaire que nous voulons présenter, les faits parleront d'eux-mêmes, et si nous avons réussi, ce petit livre sera un plaidoyer en faveur de l'intelligence de l'oiseau.

II

ARCHITECTURE DES OISEAUX.

Un oiseau qui ne construit pas de nid. Le Coucou. — Ceci est une exception, une anomalie. Le Coucou commun (*Cuculus canorus*) n'est pas le seul exemple mais il est le plus connu. Tout le monde a entendu son chant caractéristique, monotone et triste dans le silence des bois. Moins nombreux sont ceux qui ont vu le chanteur. Le Coucou, qui nous vient d'Égypte et ne séjourne chez nous que durant la belle saison, se tient en effet généralement caché loin des regards. Il évite aussi bien ceux de l'homme que ceux des autres oiseaux qui ne l'aiment guère et pour cause. Souvent les merles, les mésanges, les fauvettes et les rouges-gorges le poursuivent, semblant le huer ; et cela parce que, indépendamment de son parasitisme, le Coucou ne dédaigne point d'ajouter à sa nourriture ordinaire fort variée, consistant en vers, chenilles ou fruits charnus, les œufs de petits oiseaux. Non content de ne point construire de nid pour lui même, il est grand ravageur de celui des autres.

De ses œufs à lui il n'est pas sans prendre quelque soin ; mais ce soin est tout spécial et c'est là le point particulier de son histoire,

C'est à ses ennemis, ces mêmes passereaux qui le haïssent pour ses méfaits qu'il demande l'hospitalité pour ses œufs; c'est d'eux qu'il réclame pour les petits qui en naîtront et dont il n'a pas le temps de s'occuper, les soins qui leur sont nécessaires et qui, chose remarquable, ne sont jamais refusés. Il est vrai qu'il a une façon toute particulière d'assurer le succès de ses démarches. Voici en raccourci, et d'après les études et observations d'auteurs éprouvés, comment les choses se passent.

Dès qu'il a pondu, le Coucou saisit son œuf entre ses larges mandibules et le fait glisser dans son gosier ; puis il se met à la recherche d'un nid, de fauvette le plus souvent. qui contienne déjà plusieurs œufs. Cela est nécessaire car c'est d'une substitution qu'il s'agit et non d'une maladroite addition qui attirerait l'attention de la mère à son retour. Le Coucou profite en effet de l'absence de celle-ci pour faire son coup. Là où il dépose son œuf il a soin d'en enlever un autre et c'est tout bénéfice pour lui.

On peut s'étonner que la fraude passe inaperçue. Certains auteurs ont affirmé que le Coucou possède la faculté de modifier la couleur et même le volume de ses œufs pour l'assortir à la teinte et aux dimensions d'une autre espèce. La chose n'est rien moins que prouvée. Ce qu'il y a de certain, c'est que la femelle de bruant, de rouge-gorge ou de fauvette (M. des Murs cite une soixantaine d'espèces de passereaux victimes ordinaires de cette supercherie) ne fait aucune distinction entre l'œuf parasite et ses propres œufs. Elles les réchauffe tous avec le même soin et son aveuglement sera la perte de sa couvée. Il ne faut pas croire, en effet, qu'au moment de l'éclosion le crime découvert va être puni. Loin de là. A peine sorti de l'œuf, le premier soin du jeune Coucou est de précipiter hors du nid les autres œufs ou les petits s'ils sont éclos. Le mécanisme de cette manœuvre est même fort curieux. Le Coucou présente sur le dos une dépression en forme de cuvette, dans laquelle il s'efforce en se glissant sous leurs corps, de placer ses infortunés compagnons. Lorsqu il y a réussi il suffit d'un effort de reins pour terminer la besogne en lançant sa charge par-dessus bord. Le plus extraordinaire est qu'après cela le coupable reste au nid nourri et choyé quand même, jusqu'à ce qu'il soit en état de voler.

Oiseaux qui ne couvent pas. — Tel est le cas de la famille des Mégapodiédés comprenant le *Tallégalle*, d'Australie, le *Mégapode*, qu'on rencontre dans les îles de Ternate et de Gilolo, et le *Maléo* de l'île de Célèbes. Le fait est d'autant plus intéressant à noter que ces oiseaux se rapprochent des gallinacés, lesquels, s'il ne construisent pas de nid bien remarquable, sont du moins connus pour la sollicitude qu'ils témoignent à leur couvée, les ressources qu'ils déploient pour la protéger et le courage qu'ils montrent en face du danger. « Qui n'a pas vu, dit Toussenel, la poule, la dinde, la perdrix ou la caille défendre leurs petits ne peut avoir qu'une médiocre idée de l'héroïsme. » Pour ce qui est de la perdrix, les vers charmants que lui a consacrés notre grand fabuliste sont dans toutes les mémoires et consacrent un stratagème classique. Pour sauver ces petits n'ayant encore « qu'une plume nouvelle. »

Elle fait la blessée et va tirant de l'aile
Attirant le chasseur et le chien sur ses pas
Détourne le danger sauve ainsi sa famille.
Et puis, quand le chasseur croit que son chien la pille,
Elle lui dit adieu, prend la volée et rit
De l'homme qui, confus, des yeux en vain la suit.

Cette manœuvre, bien connue, dont La Fontaine fait honneur à l'intelligence de la mère, Buffon l'attribue au mâle. Tous les deux, à la vérité, réunissent leurs efforts pour protéger leurs petits.

A la différence de ces gallinacés, les Mégapodiédés ne couvent jamais leurs œufs et jamais ne prennent aucun soin de l'éducation des jeunes. Ils ne construisent pas non plus de nid proprement dit. Le Mégapode, de Wallace, et le Maléo s'en remettent au soleil du soin de réchauffer les œufs qu'ils ont déposés dans le sable. Ce procédé, très élémentaire, semble, dit M. Oustalet, emprunté aux reptiles. Peut-être faut-il y voir une réminiscence atavique, les reptiles ayant, comme on sait, précédé les oiseaux sur le globe. Avec les Tallégalles nous faisons un pas de plus. Il n'y a pas encore de nid susceptible de recevoir, avec les œufs, le corps de la couveuse ; mais du moins un aménagement spécial préparé en vue de la ponte. D'après Gould, le Tallégalle d'Australie « au lieu de couver ses œufs, les dépose dans des monceaux d'un mélange de sable et d'herbes dont la chaleur fait éclore les jeunes qui sortent en se frayant un chemin à travers la masse ». (*Oiseaux d'Australie*, II.)

Cela témoigne déjà d'un instinct moins rudimentaire et d'une certaine puissance de travail. Certains de ces tumulus de forme conique ou pyramidale mesurent 2 mètres de haut et plus de 4 mètres de diamètre à la base.

Les faits précédents nous amènent par transition insensible aux instincts nidificateurs très simples encore des autruches et d'un grand nombre d'échassiers et d'oiseaux de mer.

Nids rudimentaires. Oiseaux fouisseurs. — C'est bien un nid rudimentaire que la simple dépression qui reçoit les œufs de l'*Autruche* d'Afrique, des *Nandous* d'Amérique et des *Casoars* de l'Australie. Une légère couche de sable projetée avec les pattes robustes recouvre le tout et, échauffée par les rayons du soleil, remplit pendant le jour l'office de couveuse. La nuit, l'autruche ne se dérobe pas aux soins de l'incubation. Détail intéressant à noter, sous la latitude du Cap, ces mêmes oiseaux couvent sans relâche ; le mâle pendant la nuit et les femelles (les autruches sont polygames) se relayant pendant le jour.

Les *Pézopores*, sortes de perruches d'Australie, y mettent moins de façons encore : elles déposent simplement leurs œufs sur le sol sans autre apprêt. Certains Pingouins déposent aussi leur œuf solitaire à nu sur le rocher. Au lieu de profiter d'une dépression naturelle ou d'en creuser une sans grand mal en grattant le sol de quelques coups de pied, le fait de creuser soigneusement un endroit bien choisi et surtout de jeter dans le trou ainsi formé les éléments d'une litière, même sommaire, constitue un véritable progrès.

Ce progrès se trouve réalisé chez la plupart des échassiers, chez les *Pétrels* et les *Perroquets de mer*. Ces derniers dépensent beaucoup d'activité à creuser dans la terre des trous assez semblables aux terriers des lapins. D'après Wasser, la grande montagne de soufre de la Guadeloupe est criblée de pareils trous, et ressemble à une garenne. C'est l'œuvre des Pétrels. Il en est de même à l'île Saint-Paul, dont le sol, naturellement spongieux, est miné par une espèce de ces oiseaux (*Prion turtur*).

Chez les *macareux* ou mormons, c'est le mâle qui travaille à la construction souterraine. On en peut voir sur quelques îlots voisins des côtes de Bretagne. Placé sur le dos, il se sert de son large bec comme d'une pioche, tandis que ses pattes palmées font l'office de pelles pour rejeter les gravats au dehors.

Les *Outardes*, les *Pluviers*, les *Vanneaux*, les *Huîtriers*, les *Chevaliers* font de même leurs nids à terre. En tournant, pivotant et virevoltant sur eux-mêmes, pressant de leur poitrine et s'aidant des pattes, ils finissent par creuser une cavité arrondie qu'ils garnissent sommairement et grossièrement de quelques feuilles ou débris végétaux.

La Perdrix, la Caille et le Faisan ne font pas autrement. C'est sur le sol aussi, dans un sillon, que niche l'alouette, qui pourtant s'élève en chantant dans les airs à perte de vue. Son nid est absolument sans prétention mais, placé à l'abri de touffes d'herbe, il est bien caché à tous les regards. Il renferme en général 4 ou 5 œufs grisâtres tachetés de brun.

Le *Flamant*, qui fréquente les terres inondées et les lacs, fait œuvre de maçonnerie ; il élève une pyramide de boue et couve, debout sur ses longues jambes, ses œufs mis ainsi à l'abri de l'inondation. Mais l'œuvre est grossière ; le vrai maçon c'est l'hirondelle dont nous parlerons plus loin.

En général, les oiseaux de rivage établissent leurs nids à peu de frais, et ce n'est point chez eux qu'il faut chercher la préoccupation de l'art ni les finesses d'architecture, ni rien qui rappelle les merveilles de fini et de délicatesse dont le nid des passereaux offre tant d'exemples. Quelques-uns, pourtant, présentent des rudiments de tressage, mais cela ne va jamais bien loin.

Les *Cormorans*, les *Manchots* ou *Gorfous*, qu'il ne faut pas confondre avec les *Pingouins* et les *Fous* ou *Boubies* des navigateurs, se réunissent par bandes, quelquefois par milliers, dans la même localité. Les nids des premiers affectent la forme de monticules formés d'herbes mélangées à des matières terreuses et en particulier au guano, celui-ci provenant précisément de pareilles agglomérations. Tous ces nids sont régulièrement alignés les uns auprès des autres à la manière des tentes d'un campement.

Il en est de même pour ceux des *Manchots*, très bien étudiés par MM. Vélain et Filhol au cours d'une mission à l'île Saint-Paul. « Ces nids, écrit M. Vélain, étaient groupés avec une certaine symétrie et paraissaient comme alignés le long des couloirs tracés au milieu des hautes herbes qui recouvraient le sol tourbeux de la montagne. Chacune des sections de ces surprenantes agglomérations d'oiseaux fut bientôt baptisée par nous d'un nom spécial ; une des plus nombreuses devint en raison de son importance *Pingouinville*. C'était bien, en effet, la plus singulière charge de cette petite ville qu'on puisse imaginer. Les rues, les impasses, les carrefours animés d'une foule turbulente, les places publiques où les oiseaux se réunissaient pour conférer entre eux avant de descendre à la mer par petites troupes, rien n'y manquait, pas même les commères caquetant et se querellant autour des nids. »

Tantôt fouisseurs, — parfois véritables mineurs, un peu maçons, tisserands aussi, — les divers oiseaux mêlent et confondent plusieurs styles dans leurs travaux.

A la liste de ceux qui, comme les Macareux et les Pétrels, sont bien nettement fouisseurs et nichent dans les trous ou galeries qu'ils creusent eux-mêmes, il faut ajouter l'*Hirondelle de rivage* (*cotyle riparia*) et le *Martin-pêcheur* (*alcedo ispida*). Ces deux oiseaux méritent de nous arrêter quelque peu. Le premier se creuse dans le sol des véritables tunnels plus ou moins tortueux : cela dépend de la nature plus ou moins friable du terrain ; si celui-ci est homogène, et meuble, l'oiseau mineur pique droit devant lui; rencontre-t-il de la résistance, il tourne la difficulté et la galerie fait un coude plus ou moins accusé; mais toujours, et c'est là un fait bien remarquable et qui dénote de la réflexion, l'inclinaison est telle que les eaux puissent s'écouler au dehors.

En considérant ces cavernes, longues parfois de plus de deux mètres, avec un diamètre d'ouverture de près de dix centimètres, on ne peut se défendre d'admirer qu'un tel travail puisse être mené à bien par un oiseau aussi faible que l'hirondelle. Comme toujours, l'outil c'est le corps même de l'oiseau : c'est son bec; ce sont ses pattes; mais ici comme chez toutes les hirondelles le bec est débile et les pattes extrêmement courtes. Pauvres outils! admirables ouvriers!

Quant au martin-pêcheur, lourd de forme mais de couleur magnifique, tout le monde le connaît, l'a vu ou plutôt entr'aperçu, car il est aussi sauvage que rapide. Avec sa livrée d'aigue-marine il passe dans un zigzag d'éclair lumineux avec des reflets de pierreries étincelant au soleil. Il file le long des berges sous les rameaux penchés des saules, toujours en chasse ou à l'affût. Où niche-t-il? A portée de l'eau où il poursuit sans trêve les menus poissons. Son nid n'est point conforme à sa parure. Il n'a rien qui puisse, heureusement pour lui, attirer l'attention. Un simple trou creusé dans la berge; mais ce terrier est profond, construit de manière à être à l'abri des inondations, et il se termine par une chambre confortable et spacieuse. C'est là que la mère dépose, sur un lit d'arêtes de poissons, ses œufs très ronds et très blancs.

Les anciens auteurs, qui le désignent sous le nom d'Alcyon, avaient sur ce sujet, qu'ils connaissaient mal, les plus singulières idées. Aristote, pourtant à l'ordinaire si bon observateur, et Plutarque en ont fait des descriptions de haute fantaisie. Voici ce qu'en dit Plutarque qui déclare l'Alcyon « le plus sage et le plus remarquable des oiseaux marins ». « C'est, dit-il, une merveille d'art et de sagesse que son nid; l'oiseau le construit aussi solidement qu'un navire, il entrelace des arêtes de poissons les unes avec les autres... L'ouverture de ce nid est merveilleuse: elle est faite de telle façon que l'Alcyon peut y rentrer; pour les autres oiseaux elle est complètement invisible, car la matière qui la forme est capable de se gonfler comme l'éponge. En se gonflant elle ferme toute issue ; cependant lorsque l'oiseau veut entrer il comprime cette matière, en exprime l'eau et pénètre librement. »

Ce qui surtout est merveilleux ici, c'est l'accumulation de détails qui n'existent que dans l'imagination de l'auteur. Un seul point est exact : celui de la présence dans le nid des arêtes de poisson.

Nids aquatiques. Nids flottants. — Loin de l'eau ou dans son voisinage, les nids dont on vient de parler sont toujours établis sur la terre. Les *Oies* et les *Canards sauvages*, l'*Eider* (*sommateria mollissima*) et le *Cygne* qui fréquentent les marécages et se plaisent dans les eaux nous amènent à parler des nids flottants. Le nid du Cygne sauvage, formé d'une couche de plantes aquatiques sur laquelle repose un lit de joncs desséchés, est souvent établi en pleine eau : c'est un véritable radeau sur lequel prennent place les parents et les jeunes.

La *Poule d'eau* commune (*gallinula chloropus*) et la *Poulque noire*, vulgairement connue sous le nom de *Morelle*; édifient pareillement des nids flottants. Ceux-ci s'élevant ou s'abaissant au gré des eaux, les œufs demeurent à l'abri de la submersion.

Le contact de l'eau ne paraît pas d'ailleurs être toujours et nécessairement funeste aux œufs d'oiseaux. Ceux du *Grèbe huppé* sont constamment mouillés au fond du nid fait de matériaux humides. La mère, elle-même, chaque fois qu'elle quitte son nid le remplit et le recouvre d'herbes aquatiques qu'elle arrache au fond de la rivière ; de cette façon, ce paquet d'herbes informe n'éveillera point l'attention.

On rencontre encore dans les rivières ou sur les étangs les nids de certaines espèces de fauvettes : la *F. turdoïde* et la *F. effarvate*. Ceux-ci échappent à la classification méthodique que nous tentons de faire des nids.

Ni sur terre ni sur l'eau. — Telle est la situation du nid de ces fauvettes. Très joli celui-là ; en forme de corbeille, il a d'épaisses parois où des feuilles s'entrelacent avec des fibres d'ortie, des fils de chanvre et même des toiles d'araignée. Ainsi qu'il arrive d'ordinaire pour ces sortes de nids tissés, les couches extérieures sont plus grossières, l'intérieur étant formé des matières les plus fines et les plus délicates. C'est là un gentil berceau, suspendu aux roseaux et que la brise balance au-dessus de l'eau avec la mère couchée sur ses œufs. S'il ne flotte pas, ce nid, ne risque-t-il point d'être atteint par les hautes eaux ? Non, par un admirable effet de prévoyance, les fauvettes établissent *toujours* leur nid au-dessus du niveau des plus fortes crues.

De quel nom enfin appellerons-nous, eu égard à sa situation, le nid du *Cincle* ou *Merle d'eau*. Cet oiseau fréquente au pays d'Alsace-Lorraine, aux montagnes voisines de Gérardmer. Il ne craint pas l'eau, faisant sa proie d'animaux qui y vivent et qu'il ne peut capturer qu'en plongeant. Son nid, il le fera volontiers et souvent dans un rocher d'où s'écoule une cascade. Traverser la nappe d'eau pour entrer au nid et pour en sortir ne gêne nullement ce singulier oiseau.

Nids aériens. Nids suspendus. — En fait, méritent le nom de nids aériens tous ceux qui ne sont pas établis sur le sol et qui ne flottent point sur l'eau.

C'est le cas de ceux que certains oiseaux établissent au creux de vieux troncs d'arbres.

Nous dirons un mot de la *Huppe*, des *Pics* et du *Toucan*. Avec la taille d'un merle, mais de livrée plus riche, manteau fauve, relevé de bandes noires et blanches, la Huppe est un joli passereau qui doit son nom au bouquet de plumes érectiles qu'elle porte sur la tête comme un cimier. C'est le plus souvent dans un tronc d'arbre ou un trou de rocher qu'elle niche, et son nid n'a d'ailleurs rien de très remarquable, si ce n'est peut-être la mauvaise odeur qu'il exhale. A cet élégant oiseau qu'est la Huppe, la propreté fait défaut. Nul entretien du logis, que M. Oustalet flétrit du nom de bouge. Si nous en parlons ici c'est pour donner un exemple de la facilité avec laquelle, contrairement à l'opinion commune, beaucoup d'oiseaux savent modifier, suivant les circonstances, les habitudes relatives au choix de l'emplacement pour leur nid. Là où elle n'a pas à craindre le voisinage de l'homme, la Huppe « s'établit en plein champ à l'abri d'une pierre ou d'un buisson. » Pallas a même trouvé un nid de cette espèce au milieu de la cage thoracique d'un squelette humain gisant au milieu des steppes et blanchi par les intempéries (1).

On voit par cet exemple que, dans le choix qu'ils font d'un gîte, les oiseaux ne laissent pas que de se montrer parfois quelque peu excentriques. Voici à cet égard un exemple encore fourni par Bingley. (*Biogr. animale*, II, et cité par Romanes.)

Un couple d'hirondelles avait construit son nid sur les ailes et le corps d'un hibou qui pendait à une poutre dans un hangar et oscillait à chaque coup de vent. Sir Ashton Lever mit le hibou et le nid dans son musée à titre de curiosité, et, à leur place, il fit suspendre un coquillage dans le creux duquel les hirondelles ne manquèrent pas de construire un nouveau nid à leur retour l'année suivante.

Peut-être, en dehors de l'excentricité du premier choix, convient-il surtout de remarquer ici l'invincible tendance que manifestent certains oiseaux, particulièrement les hirondelles, à revenir toujours au même endroit.

Pics. — C'est aussi dans de vieux troncs d'arbres que le *Pic* établit son logis habituel. Ce logis, qui, une fois abandonné, pourra être utilisé par d'autres oiseaux de plus petite taille, le Pic ne le trouve pas tout fait. Il ne se borne pas à l'aménager : c'est lui-même qui le taille de son robuste bec : car le Pic est surtout un travailleur, un tâcheron. Le travail l'occupe sans trêve ; il ne s'accorde aucun répit, ainsi qu'en témoignent les coups répétés qu'on entend résonner dans les bois où il fréquente. On l'entend souvent fort tard prolongeant son travail jusqu'à la nuit. En quoi consiste donc ce travail auquel le Pic se livre avec tant d'acharnement? A donner la chasse à toute sorte de vers et d'insectes, gent éminemment destructive, dont il se nourrit pour le plus grand bien de nos arbres. Il mériterait le titre de conservateur des forêts. Les procédés qu'il emploie sont curieux et bien

1. OUSTALET, *Architecture des oiseaux*.

connus après avoir été sottement interprétés. Tous ceux qui ont été à même d'observer un Pic en travail n'ont pas manqué d'être tout d'abord intrigués par la manœuvre à laquelle il se livrait.

Fortement assujetti sur ses pattes de grimpeur, collé pour ainsi dire à l'arbre auquel il s'attaque, souvent la tête en bas, il frappe à coups redoublés de son bec puissant. Puis, par instants et avec une étonnante agilité, il fait en courant le tour de l'arbre : de là la puérile explication consistant à supposer que l'oiseau s'occupe à percer l'arbre et qu'il va se rendre compte de l'état d'avancement de son travail et s'assurer si la perforation est complète.

En réalité, l'infatigable travailleur (qui, loin de s'attaquer comme on l'en a accusé, a des arbres sains et durs qui lui coûteraient beaucoup de peine sans profit, recherche les arbres malades, carriés et infestés de vermine), sonde les cavités où il juge que le gibier qu'il poursuit s'est logé : Entre l'arbre et l'écorce s'agitent mille existences dont leur végétal souffre et meurt. Aux premiers chocs du Pic, c'est parmi toutes ces bestioles une débandade : chacun songe à fuir et cherche une issue. La grosse tête du Pic les attend au passage. On sait qu'il darde sur sa proie sa longue langue rétractile. Telle est sa tactique et tels sont ses procédés de chasse (1).

La physionomie du Pic est caractéristique et curieuse comme son histoire. Fortement charpenté, ce rude ouvrier porte une livrée variable suivant les espèces. Plutôt sévère en général, elle est égayée, chez quelques formes, par d'assez vives couleurs. On connaît les belles teintes franches du Pic vert de nos forêts. Sous les tropiques, aux Carolines, il en est dont les ailes brillent d'un beau jaune d'or. Le bec de ces derniers est aussi moins fort; la vie est plus facile et plus gaie comme la parure; et, partant, l'outil moins développé. Car le bec, c'est l'outil, la pioche, le ciseau; et, pour se tirer d'affaire dans nos forêts de chênes, le Pic doit l'avoir solide et bien taillé. Toutes les espèces possèdent ce carac-

1. Cela est à rapprocher de la manœuvre exécutée par les Vanneaux pour se procurer des vers de terre : ils piétinent le sol avec vivacité pour attirer le ver à la surface.

tère commun d'un chaperon écarlate recouvrant le crâne volumineux. Tel qu'il est, le Pic respire la force ; il n'est pas joli ; travaillant à son compte et toujours solitaire, il n'a point l'allure sautillante et gaie des passereaux. C'est un travailleur et un sérieux.

Toussenel, le savant ornithologiste qui pourtant s'y connaît, le juge gai ; il va jusqu'à le traiter de bateleur ; sans doute, ce jugement se rapporte à certaine période spéciale de la vie du Pic. Ceci demande un mot d'explication. Soumis à l'universelle loi, le Pic songe à certaine époque à prendre compagne ; et pendant quelque temps, le voilà tout changé. Il se départit de son austérité. Pour plaire, il fait mille gambades et courbettes, mille grâces qui ne laissent pas, avec sa tournure, d'être assez comiques. Le pauvre Pic, deux fois par an, devient quelque peu ridicule. Heureux, pourrions-nous dire, qui ne l'est pas plus souvent !

Du moins, nous n'assistons pas à ces combats dont beaucoup d'oiseaux nous donnent le spectacle dans la dispute des femelles. Le choix se fait librement et pacifiquement. L'heureux élu n'oublie pas pour cela le travail. Seulement l'amour l'affine et le perfectionne. De simple charpentier, le Pic devient sculpteur. Il creuse une élégante voûte, dont il rabote et polit les parois avec un soin extrême. C'est là que le couple va s'installer et que la petite famille s'élèvera, grâce aux soins combinés des deux parents. L'ouverture du nid n'est point très grande, disposition favorable à la défense ; il suffit, comme l'a dit Michelet, d'une tête et d'un bec courageux pour la fermer.

Les *Toucans* et les *Calaos*, qui tiennent à la fois des Pics et des Perroquets, et que signale surtout leur énorme bec aux dimensions extraordinaires, ont des habitudes semblables.

Une particularité piquante en plus. Le Calao bicorne, d'un naturel sans doute méfiant, ne se borne pas à installer sa compagne dans le nid qu'il lui a préparé : il l'y emmure, bouchant avec du mortier l'orifice d'entrée, de manière que seul le bec de l'infortunée cloîtrée puisse passer. Et cela dure tout le temps de l'incubation. Hâtons-nous d'ajouter d'ailleurs, que le mâle ne manque point d'apporter les provisions nécessaires qui passent de son bec dans celui de la couveuse. Celle-ci, une fois les petits éclos, est remise en liberté. Dès lors, le père et la mère se partagent les soins de l'éducation des jeunes.

Nids suspendus. Oiseaux maçons. Oiseaux tisserands. — Un très grand nombre de nids sont fixés, de manières diverses, aux branches des arbres. C'est le cas ordinaire pour le plus grand nombre des passereaux. D'autres sont accrochés aux murailles ou aux toits. L'hirondelle suspend sa maison à la nôtre et son travail est une œuvre de maçonnerie — nous en dirons un mot plus loin.

Mais, auparavant, citons un fort curieux exemple peu connu d'un nid maçonné de dimensions assez considérables et suspendu le plus souvent à une branche d'arbre. C'est celui d'un passereau du Brésil (*furnarius rufus*) dont le nom vulgaire de *Fournier* rappelle la forme du nid qui est celle d'un four.

Entièrement fait d'argile, ce nid, à la confection duquel s'emploient de concert le mâle et la femelle, a la forme d'une demi-boule. Deux cloisons, l'une supérieure horizontale, l'autre verticale, partagent la cavité intérieure en un rez-de-chaussée, et, au-dessus, une chambre spacieuse que la femelle tapisse soigneusement avec des herbes sèches. C'est là que seront déposés les œufs couvés tour à tour par les deux parents.

Hirondelles. — Ces oiseaux, qu'il ne faut pas confondre avec les *martinets*, sont, comme ces derniers, des maçons; mais elles sont plus habiles.

Parmi les hirondelles proprement dites, deux espèces viennent nous annoncer chaque année le retour de la belle saison. C'est l'*Hirondelle de fenêtre* (*chelidon urbica*) et l'*Hirondelle de cheminée* (*hirundo rustica*). Nous ne décrirons pas ces charmants oiseaux, que tout le monde connaît et qui se distinguent facilement par les différences dans la coloration et surtout dans la forme plus ou moins profondément découpée de la queue. La queue de la première espèce est médiocrement fourchue; l'autre est le type de la « queue d'aronde » prolongée encore par deux filets latéraux qui en soulignent le caractère d'élégance élancée. Si tout le monde connaît les Hirondelles, tout le monde aussi les aime. Et ces gracieux oiseaux doivent à la sympathie qu'ils inspirent d'être, en général, respectés et protégés comme ils méritent, en effet, de l'être. Car ici, la sympathie se confond étroitement avec notre intérêt bien entendu. Nous n'avons pas dans la lutte contre l'insecte de plus précieux auxiliaire que l'Hirondelle. En tout temps, et surtout lorsque le nid se trouve occupé par de jeunes bouches nouvelles toujours affamées et qu'il faut nourrir sinon rassasier, l'Hirondelle, d'un vol aussi rapide que compliqué, poursuit, les yeux attentifs et le bec largement ouvert, les mille bestioles ailées que nos regards n'aperçoivent pas. Elle ne s'arrête dans ce travail qu'à la nuit — où comme l'on sait et comme on ne saurait trop le répéter, son œuvre bienfaisante est continuée par la chauve-souris.

Mais c'est du nid surtout que nous devons nous occuper. A cet égard, l'Hirondelle des cheminées, qui, malgré son nom, s'établit le plus souvent sous les hangars et aussi dans les embrasures de fenêtres, fait montre de moins d'habileté que l'autre espèce.

On sait, dans les grands traits, de quoi et comment est fait un nid d'Hirondelles. C'est un mortier formé d'un mélange de terre et de paille que chaque couple apporte parcelle par parcelle et vient appliquer, se servant du bec comme truelle, contre les parois du mur qui doit servir d'appui. Le travail est long : il dure environ quinze jours — quinze jours remplis d'une incessante activité ! — C'est que la masse de mortier est bien petite qu'on apporte à chaque voyage. Il faut aller chercher la terre, détremper celle-ci et la gâcher convenablement pour en faire un mortier ductile et adhérent. Qui n'a pris plaisir à observer les allées et venues des hirondelles ? Qui ne les a vues rasant la surface de l'eau pour faire leur provision du liquide nécessaire ? C'est un spectacle bien intéressant que d'assister à toutes les phases de la construction de l'édifice, qui s'élève lentement mais sûrement. Les Hirondelles ne se cachent point de l'homme. Elles nous rendent en confiance ce que nous leur accordons en sympathie, et leur sentiment de sécurité est tel que, chose exceptionnelle dans le monde des oiseaux, elles chantent sur leur nid. Mais voici que ce nid est terminé. C'est maintenant une demi-sphère dont les parois, un peu rugueuses à l'extérieur, sont intérieurement admirablement polies et parfaitement lisses. Il suffira de quelques menus débris de végétaux, de quelques crins, d'un peu de plume pour tapisser la chambre ainsi préparée. Une ouverture latérale et dirigée vers le bas, exactement calculée sur les dimensions du corps de l'oiseau permet à celui-ci d'entrer et de sortir librement. Les voyages y sont fréquents. Lorsque la mère a pondu ses quatre ou cinq œufs blancs tachetés de gris brun, elle les couve amoureusement; après l'éclosion, c'est un va-et-vient continuel du père et de la mère, apportant chaque fois quelque mouche ou quelque vermisseau qu'on distribue aux becs jaunes largement ouvert des oisillons affamés. Plus tard encore, lorsque les jeunes (sous les yeux de la mère) se risquent à quitter le nid, [dire avec quelle émotion et quelles inquiétudes de part et d'autre est impossible], leur première excursion les réunit sur quelque branche voisine où ils reçoivent encore leur nourriture de leurs parents. Rien n'est charmant comme cette première éducation dans laquelle l'Hirondelle fait montre de la sollicitude la plus touchante et la plus éclairée. Nous ne pouvons nous étendre ici sur ce sujet. C'est tout un chapitre de psychologie qui mérite une place à part.

Mais revenons au nid. Cet ouvrage si patiemment mené à bien, si longuement et si amoureusement caressé, n'est pas pour ne durer qu'une saison; il doit servir, comme on le sait, à plusieurs générations successives. Les Hirondelles, ainsi que Spallanzani s'en est assuré directement par des expériences que chacun peut répéter, reviennent plusieurs années de suite à leur domicile; et cette constance, cet attachement aux lieux où ils se sont établis une première fois, comme aussi la faculté de savoir toujours les retrouver, ne sont pas la particularité la moins curieuse de l'histoire de ces oiseaux.

Lorsque les Hirondelles reviennent ainsi au printemps vers le nid qu'elles ont abandonné l'automne précédent, elles se livrent, avant d'en reprendre possession, au travail des réparations urgentes. Généralement, grâce à la bienveillante complicité de l'homme qui respecte le logis de ces « hôtes du bonheur », ces réparations offrent peu d'importance et les choses reprennent vite leur train accoutumé.

Il arrive parfois que des intrus cherchent à s'emparer de la place et souvent réussissent à s'y installer. Ce sont le plus souvent des moineaux, ces effrontés et ces pillards, ou encore des martinets. Ces derniers oiseaux, souvent confondus avec les Hirondelles, sont au plus mal avec elles.

Tout le monde a entendu les cris aigus, assourdissants, qu'ils poussent en volant furieusement d'un vol circulaire autour des cheminées. Ce n'est point là un chant joyeux mais un cri de guerre — et c'est bien la guerre en effet que les martinets, êtres de rapine, font aux Hirondelles, aux étourneaux et même aux moineaux, dont ils ne redoutent pas le bec solide, et qu'ils réussissent souvent à déloger. Car, lorsqu'ils se décident à construire un nid, c'est qu'ils n'ont pas réussi à s'en procurer de vive force.

A ces ennemis, l'Hirondelle, plus faible et moins bien armée, oppose, pour défendre sa maison, la plus héroïque résistance, et c'est en pareilles circonstances critiques qu'elle déploie, comme tant d'autres oiseaux, toutes les ressources que lui fournit son intelligence ou son cœur. Nous aurons l'occasion de revenir sur ce point.

Poursuivons notre étude du nid chez les divers groupes d'oiseaux.

Le *Martinet* emploie à la confection de son nid, quand il n'a pas trouvé de demeure toute faite à sa convenance, toutes sortes de matériaux : débris de feuilles, de chiffons, de plume, dérobés au hasard de ses expéditions, et de tout cela, agglutiné avec sa salive, il fait un nid assez grossier.

Le rôle de la salive est ici considérable. Sécrétée en abondance par des glandes très développées, visqueuse et acquérant de la consistance à l'air, elle fait l'office de colle. Les *Salanganes*, qui construisent ces nids comestibles tant recherchés des gourmets, et qu'on appelle improprement des *nids d'Hirondelles*, sont des martinets. La substance qui entre pour la plus grande part dans la composition du nid, et dont Newton disait qu'elle fait la joie des épicures chinois, n'est autre chose que la salive durcie d'un Martinet. Certaines espèces de Salanganes font intervenir, il est vrai, dans la confection de leurs nids, quelques matières végétales et particulièrement des algues marines; mais tel n'est pas le cas, [M. Oustalet s'en est assuré] de l'espèce connue par les ornithologistes sous le nom de *Salangane de Linch* qui fournit exclusivement les marchés.

En Afrique, certains Martinets accrochent leurs nids aux feuilles de palmiers. Ce n'est pas autrement qu'opère l'*Oiseau-mouche*, qui n'est pas sans avoir quelque rapport d'organisation et de parenté avec les martinets.

Quelques nids aériens délicatement ouvragés. — Il est impossible de passer en revue tous les nids, toutes les formes, tous les dispositifs adoptés. Force nous est de faire un choix; nous nous arrêterons seulement à quelques exemples caractéristiques. Logé d'ordinaire dans un creux d'arbre, le nid de la *Mésange* est un nid aérien. Sa construction ne laisse pas d'être élégante et, ce qui mérite de fixer l'attention, c'est le soin que prennent ces oiseaux de se servir, pour le revêtement des parois extérieures, de mousses et de lichens dont la couleur se confond avec celle de l'arbre qui porte le nid. Cette ingénieuse façon de dissimuler sa demeure aux regards indiscrets se retrouve chez d'autres oiseaux; elle atteint son plus haut degré chez le *Pinson* qui excelle dans cet art.

C'est un véritable et délicat chef-d'œuvre que le nid de Pinson. C'est le type du genre des nids, où le tressage et le feutrage heureusement combinés réalisent l'idéal d'un berceau douillet pour les jeunes. Nous le décrirons en quelques mots.

Une petite touffe de mousse est déposée à l'enfourchure d'une branche. C'est la première assise sur laquelle seront déposées de nouvelles couches de mousse que la femelle façonne avec ses pattes. Ses petites griffes servent à carder les matériaux et à y incorporer de fines radicelles et quelques toiles d'araignées que le mâle lui apporte sans cesse. Puis, sur la masse ainsi préparée, l'intelligente et courageuse petite bête s'accroupit et pivote sur elle-même, pressant avec sa poitrine et de tout son poids, tournant son cou mobile dans toutes les directions jusqu'à ce qu'elle ait ainsi obtenu une cavité arrondie, moulée sur son propre corps, et terminée supérieurement par des rebords à pente douce. Après quoi il ne reste plus qu'à plaquer ici et là, par places, à l'extérieur, les fragments de mousse, de lichen et d'écorce qui doivent empêcher de distinguer le nid des branches où il est établi.

Ce n'est pas tout pourtant. L'intérieur est encore, au gré du Pinson, trop grossier pour recevoir ses œufs. Des plumes légères sont apportées, fixées par leur tige dans la trame des parois et assez solidement assujetties pour que le vent ne puisse les emporter ; quelques crins, de fines tiges d'herbes légères viennent s'y ajouter. Le tout est habilement disposé, entrecroisé et amené à la courbe voulue ; et cette petite couchette, qui est une merveille de grâce, est aussi moelleuse à souhait.

Très artistement tressée aussi est la jolie corbeille de la Fauvette. Telle aussi celle du Chardonneret.

Un Oiseau-mouche, le *Lophornis ornata*, construit un délicieux petit nid, véritable miniature des nids de Chardonnerets ou de Pinsons.

Nous nous garderons de passer sous silence le nid si curieux de la *Fauvette couturière*. Nous préférons ce nom sous lequel l'oiseau est vulgairement connu à celui d'*orthotomus longicaudatus;* il dit davantage et se trouve justifié par l'adresse déployée par cet oiseau dans un véritable travail de couture.

Les deux bords d'une même large feuille sont rapprochés et littéralement cousus l'un à l'autre au moyen d'un fil ou d'un brin de coton que la fauvette étire avec son bec. Celui-ci sert aussi d'aiguille et c'est sa pointe qui perce dans la feuille les petits trous nécessaires au passage du fil. Un détail qui n'est pas sans étonner : chaque extrémité du fil est arrêtée par un nœud ! N'est-ce pas vraiment remarquable?

Certains Oiseaux-mouches emploient dans le même but et pour le même usage ces légers filaments, dûs à de jeunes araignées, et connus sous la gracieuse dénomination de *fils de la Vierge*.

Le *Baya* de l'Inde, plus connu sous le nom de *Tisserin* ou *Tisserand*, et dont la véritable appellation générique est *Ploceus*, doit être cité à côté des exemples précédents.

Son nid, très volumineux eu égard à la taille de l'oiseau, affecte la forme d'une bouteille à large panse et à long col. Celui-ci est dirigé l'ouverture en bas, quelquefois même au-dessus de la surface de l'eau. C'est une précaution contre les oiseaux de proie ou les serpents, ces terribles ennemis nés des oiseaux.

Le nid suspendu, isolé, aérien, dut être, comme on l'a dit, inventé aux pays des reptiles.

Ce nid du Tisserin est entièrement tressé avec des herbes ou des fragments de feuilles. Mais la texture fort serrée dans la région dilatée, qui sert de réceptacle pour les œufs et plus tard de berceau et de retraite aux petits, est notablement plus lâche au niveau de l'entrée. Cette disposition de la trame communique à la partie tubulaire une élasticité favorable, qui facilite l'entrée de l'oiseau par l'étroit couloir.

Tout cela est vraiment bien remarquable ; mais voici qui est plus curieux encore. D'après le dire des indigènes, confirmé par divers observateurs tels que le Dr Buchanan et sir E. Tennent cité par Romanes (il n'est pas inutile ici d'insister sur les références), le mâle a la bien remarquable attention de fixer aux parois du nid au moyen de petites boulettes de terre glaise, des mouches à feu dont l'éclat illumine la maison. Il est vraisemblable qu'il ne s'agit pas là seulement de simples appareils d'éclairage mais qu'on peut y voir un procédé d'intimidation pour les ennemis, assez semblable au cercle de feu que les explorateurs disposent la nuit autour de leur campement pour éloigner les fauves. C'est l'opinion du Dr Buchanan qui écrit : « Quelquefois il y en a deux ou trois (de ces mouches à feu) et la lumière qu'elles jettent dans les deux compartiments du nid éblouit les chauves-souris, ennemis redoutés des jeunes oiseaux. »

Cette opinion se trouve confirmée par l'observation suivante due à M. Severn :

« Je tiens de source sûre, écrit cet auteur, que l'Oiseau-bouteille (*bottle Bird*) de l'Inde *protège* son nid la nuit en collant autour de l'entrée, avec de la terre glaise, plusieurs scarabées lumineux. L'autre jour un de mes amis observait trois rats sur une poutre de son chalet lorsqu'une mouche à feu vint s'établir tout près d'eux ; les rats s'enfuirent aussitôt. »

Là est sans doute en effet l'origine du curieux instinct du *Baya*

Quelques types de nids de curieuse structure. — Le nid des Tisserins peut être à bon droit rangé dans cette catégorie. Sa disposition se complique en outre souvent par le groupement de plusieurs nids constituant de véritables colonies souvent considérables.

Ceci nous amène à parler de certains Tisserins de l'Afrique Australe qui présentent cette particularité, rare chez les oiseaux, et qui témoigne d'une réelle supériorité, de vivre en communauté et de travailler de concert à la construction d'un énorme nid destiné à toute la tribu.

L. Levaillant les a baptisés les *Républicains*. Les savants les ont étiquetés : *Philœterus socius*.

C'est la réalisation de la cité des oiseaux du poète grec. Voici, d'après le témoignage de Levaillant, comment les choses sont disposées.

Qu'on se figure un immense toit en pente, et de forme irrégulière, un gigantesque champignon entièrement formé d'un épais feutrage d'herbes entrelacées. Cette sorte de chaume est imperméable; d'ailleurs l'inclinaison favorise l'écoulement des eaux pluviales.

A l'abri de cette couverture, des centaines de nids sont serrés les uns contre les autres, généralement distincts les uns des autres, mais présentant parfois une ouverture d'entrée commune à deux ou trois cellules.

Un de ces nids, que Levaillant rencontra et dépeça pour l'analyser, renfermait 320 cellules; ce qui porte (ces oiseaux étant polygames) le nombre des individus de ce phalanstère à un chiffre supérieur au double de celui des cellules.

Au point de vue de la singularité de la forme et de la structure, nous citerons encore les nids de la *Rémiz* et du *Loriot* commun.

La *Rémiz penduline*, petit sous-genre de Mésange européenne pond deux fois par an, au printemps puis au mois d'août. Pour ses jolis œufs blancs et roses, il faut un gracieux écrin. Le nid est un sac figurant une bourse aplatie dont les parois sont tissées avec tout ce que le règne végétal produit de plus délicat : la substance cotonneuse qui s'envole des peupliers, le duvet léger des fleurs de saules, les aigrettes des chardons et des pissenlits ; à l'extérieur quelques brindilles plus résistantes renforcent ce précieux ouvrage. L'intérieur est tapissé du plus moelleux duvet. Le tout est fixé à une tige flexible, au-dessus de l'eau et, dans son esquif aérien, la Mésange s'en remet au vent du soin du bercer sa famille.

Ajoutons que ce gracieux nid porte latéralement une ouverture qui le fait classer, d'après la classification de Lacépède donnée au début de cette étude, parmi les constructions révélant des instincts supérieurs. Cette ouverture est munie d'un *auvent*, sorte de volet que l'oiseau peut à volonté tenir ouvert ou fermé du côté de l'eau pour mieux s'isoler du monde.

Les *Loriots* sont bien connus : ils attirent assez l'attention par l'éclat de leur plumage. On les connaît dans certaines régions sous le nom de *Merles d'or*. Leur corps, de la grosseur de celui du merle, est en effet d'un magnifique jaune de chrome. Les ailes et la queue leur font un manteau et une traîne d'un beau noir velouté qui tranche sur le fond clair et l'avive. On ne les voit pas longtemps.

Le Loriot nous vient d'Afrique : il arrive à la fin du printemps et nous quitte à la fin d'août. C'est l'*Oiseau de Pentecôte*. Pendant son court séjour il détruit force insectes, non sans se permettre à l'occasion quelque maraude dans les vergers. « Compère Loriot mange les cerises et laisse les noyaux, » dit l'adage populaire.

Mais surtout ce qui doit nous retenir ici, c'est son nid, véritable chef-d'œuvre de patience et d'adresse. La manière dont il s'y prend pour le faire est des plus remarquables.

L'emplacement choisi est toujours la bifurcation d'une branche, celle d'un merisier le plus souvent. Le mâle et la femelle, travaillant de concert, forment une trame au moyen de fils tendus. Ces fils, fibres d'ortie ou brins de laine sont fixés au moyen d'un peu de salive. Chacun des oiseaux en tient un bout dans le bec et présente l'autre extrémité à son compagnon.

Les interstices de la trame sont ensuite remplis par des fragments d'écorce, des feuilles et diverses herbes ; puis le mâle cesse sa collaboration et laisse à sa compagne le soin de terminer l'œuvre dans ses détails. La future mère s'en acquitte à merveille; par elle, les toiles d'araignées et les plumes duveteuses s'accumulent et se tassent à l'intérieur en formant un coussin moelleux sur lequel les œufs reposeront comme sur l'édredon.

On voit combien, dans la construction du berceau de leur famille, les oiseaux se montrent habiles ouvriers, à la fois artisans et artistes. Tissage, feutrage, collage, tout leur est bon : rien ne leur est étranger. Le *Capocier*, petite fauvette du Cap, confectionne pour son nid un feutrage remarquable, que Wilson compare à du drap usé. Une petite merveille encore dans ce genre est le cartonnage de la *Grive*. Tout de mousse à l'extérieur, le nid caché sous l'humide abri des vignes échappe aux regards. A l'intérieur, les parois sont faites d'une pâte compacte, luisante et polie comme un bristol.

Nous ne saurions mieux terminer cette revue, nécessairement rapide et incomplète, des nids dans lesquels le gracieux le dispute à la science de la construction, qu'en disant un mot des habitations de plaisance édifiées par certains oiseaux.

Constructions de plaisance. — Trois oiseaux, le *Chlamydodère*, le *Plitinorhynque*, l'*Amblyornis* nous fournissent, à cet égard, des exemples bien remarquables. Il ne s'agit point ici seulement de nid, berceau de la famille future. Les Chlamydodères et les Plitinorhynques en construisent pourtant de forme ordinaire et n'ayant rien de particulièrement remarquable; mais, en outre, ils édifient de véritables petites cabanes avec bosquets et ombrages en miniature qu'on ne saurait mieux comparer, pour l'aspect et quant au procédé de construction, qu'aux travaux réalisés par les enfants qui jouent à « faire des jardins ».

L'oiseau plante obliquement dans le sol une série de piquets suivant une double ligne, ainsi qu'on fait pour les *rames* des pois. Les extrémités supérieures étant en contact, la charpente d'une cabane se trouve réalisée : il ne reste plus qu'à combler les vides, ce qui s'obtient en y jetant quelques paquets d'herbe qui forment le revêtement.

Cet étonnant travail n'est pourtant que le degré le plus

simple réalisé dans ces constructions. Celles-ci sont souvent infiniment plus compliquées et de dimensions étonnantes. M. Oustalet, dans un très remarquable travail, où nous avons en plus d'une occasion largement puisé, cite l'exemple de la cabane construite par la *Chlamydodère à ventre fauve*. Cette espèce édifie une maison qui dépasse un mètre de longueur sur autant de largeur. Un corridor étroit y donne accès : le plancher est fait de brindilles. Enfin, la décoration n'a pas été oubliée : des fruits de couleur vive et de petits coquillages brillants rehaussent l'aménagement intérieur.

Une autre espèce du même genre, la *Chlamydodère tachetée*, y joint de menus cailloux brillants et même des ossements blanchis, des crânes de petits mammifères qu'elle va souvent chercher très loin, et qui font, comme on l'a dit très justement, de l'habitation un véritable musée.

Les choses sont poussées plus loin chez les Plitinorhynques d'Australie, qui entassent dans un amoncellement de bric-à-brac les objets les plus hétéroclites : « des coquilles de moules ou d'escargots, des os blanchis, des plumes brillantes de perroquets et même des tuyaux de pipe et d'autres objets dérobés dans les campements des indigènes. C'est ainsi que John Gould a découvert à l'entrée d'un berceau de Plitinorhynque une jolie pierre de tomawak très finement travaillée gisant à côté de lambeaux de cotonnade bleue(1) ».

Il est raisonnable de rapprocher ces faits de l'instinct bien connu de la Pie vulgaire, la Pie voleuse et receleuse de tout ce qui brille et qu'elle cache à son nid. Mais il y aurait fort à dire sur le souci d'art que révèle le goût manifesté par ces singuliers oiseaux dans la décoration de leurs édifices.

Bornons-nous, dans cet ordre d'idées, à signaler encore les travaux de l'*Amblyornis*.

Ici, les faits sont encore plus remarquables.

Nous ne saurions mieux faire que laisser la parole à M. Oustalet auquel nous empruntons ces détails.

« En traversant une magnifique forêt, M. Bécari se trouva tout à coup en présence d'une petite cabane précédée d'une sorte de pelouse parsemée de fleurs... »

1. Oustalet. *Architecture des Oiseaux*.

C'était un nid d'Amblyornis, et voici comment il est construit.

« ...L'Amblyornis choisit une petite clairière, au sol parfaitement uni, au centre de laquelle se dresse un arbrisseau de 1 m. 20 de hauteur environ. Autour de cet arbrisseau qui servira d'axe à l'édifice, l'oiseau entasse une certaine quantité de mousse; puis il enfonce dans le sol, en les inclinant, des rameaux... qui gardent leur verdure...

« En avant de la porte s'étend une belle pelouse faite de mousse soigneusement rapportée. Les éléments de cette pelouse, l'oiseau va les chercher touffe par touffe à une certaine distance et il les débarrasse avec son bec de toute pierre, de tout morceau de bois, de toute herbe étrangère qui en altèrerait la netteté. Puis, sur ce tapis de verdure, l'Amblyornis sème des fruits violets de *garcinia* et des fleurs de *vaccinium* qu'il va cueillir aux environs et qu'il renouvelle aussitôt qu'ils sont flétris. En un mot, il dessine devant sa cabane un véritable parterre et l'entretient avec un zèle qui justifie pleinement le nom de Tukankoban (oiseau jardinier) que donnent à l'Amblyornis les chasseurs malais. »

En vérité, l'on reste confondu devant ces détails; et pour ne pas douter de leur véracité, il faut avoir présentes à l'esprit la haute compétence et l'autorité des savants qui les ont consignés.

Nid des rapaces. — C'est à regret qu'il nous faut quitter cet attrayant sujet pour dire un mot du nid d'oiseaux moins gracieux, mais qui mérite pourtant d'être étudié, nous ne nous y arrêterons pas longtemps.

Le nid des rapaces qu'on désigne d'un nom spécial, *l'aire*, est toujours construit sur le même type; il n'y a guère de différences que dans les dimensions. C'est une plate-forme constituée par des branches entre-croisées. Il n'est pas besoin, pour s'en faire une idée, d'avoir vu le nid des Éperviers et des Milans, ou d'aller dénicher des Aigles. Le nid du *Ramier* en offre le modèle rudimentaire; et tous les Parisiens en ont vu la carcasse au milieu des branches dépouillées sur les arbres des jardins publics.

Toujours grossier, parfois sinistre, ce n'est plus un gracieux berceau évoquant de douces idées de famille, c'est un repaire, un gîte de bandits. C'est aussi un charnier. Sur le rude plancher d'une aire d'aigle s'accumulent les provisions : cadavres d'animaux, chair sanguinolente, mêlés aux excréments. Dans un de ces nids, Bechstein a trouvé les restes de 40 lièvres et de 300 canards!

Le roi des oiseaux est en effet un grand meurtrier. Malgré le dire des auteurs qui affirment que la fierté de l'aigle lui fait dédaigner les menues proies ; sans nier les faits cités à l'appui de cette thèse, et d'après lesquels on a trouvé exceptionnellement de petits oiseaux nichant bravement dans le voisinage immédiat de l'aigle, nous persistons à voir dans ces grands rapaces des instincts sanguinaires, inscrits d'ailleurs sur leur physionomie, et révélés par leur crâne déprimé.

Mieux valent encore les vautours, ignobles sans doute, mais qui ne s'attaquent qu'aux cadavres, et qui, ministres de la mort, non instruments du meurtre, sont en réalité serviteurs inconscients de la vie. Ils exercent une fonction salutaire ; il faut leur savoir gré de l'œuvre d'assainissement et d'épuration à laquelle ils sont voués. En Amérique, la loi protège ces bienfaiteurs publics et punit d'une amende considérable le meurtre des *Vautours urubus*.

A Constantine, il existe une « fête des Vautours ».

En Égypte, on les révère.

Cigogne. — C'est aussi une aire que le nid de la *Cigogne*. Ce grand oiseau, à l'allure grave et mélancolique, est généralement aimé et respecté : c'est un sympathique. Il rend d'ailleurs de signalés services par le nombre des bêtes nuisibles qu'il détruit ; mais pour ce motif même, son voisinage ne laisse pas que d'être assez désagréable.

Tout le monde n'aime pas courir le risque de voir tomber à ses pieds quelque reptile échappé au bec de la Cigogne ou de ses petits. Voilà pourquoi, à Constantine, où ces oiseaux sont extrêmement nombreux, les Européens ne font rien pour les attirer sur leurs demeures.

Dans le quartier arabe, au contraire, grâce à la disposition favorable des toits et au superbe dédain que l'indigène professe pour les soins exagérés de propreté, chaque terrasse est surmontée d'une cigogne dont la silhouette hiératique se découpe le soir sur le fond clair du ciel. Les Arabes se montrent très fiers de la fidélité à leurs maisons des Cigognes qui, pensent-ils, ont, pour *le roumi*, le même mépris qu'ils lui gardent eux-mêmes toujours au fond du cœur.

A l'état sauvage, la Cigogne construit une vaste corbeille analogue au nid du Héron.

En Alsace et en Hollande, où elles sont respectées à l'égal des Hirondelles chez nous, et où l'on attache à leur présence des idées de bonheur domestique, on leur fait des avances en disposant sur le haut des cheminées des roues de voiture. Les intelligents oiseaux savent fort bien s'accommoder de cette aide secourable qui simplifie leur tâche. Les roues forment la première charpente et le soubassement de leur nid.

Nous consacrerons, pour terminer, quelques mots encore aux *Corbeaux* et aux *Pies*. Non pas que leurs nids présentent des détails bien remarquables dans leur structure; le toit à claire-voie dont la Pie garantit le berceau de ses petits, tout en constituant un progrès marqué par comparaison avec la simple plate-forme des aires normales, n'a rien qui puisse nous étonner après les détails qu'on a vus plus haut. Ceux du *Corbeau noir*, de la *Corneille grise* et du *Freux*, à la face dénudée, ne présentent pas de différences bien sensibles avec ceux de la Pie ou même du *Geai*. Mais on observe dans ce groupe des instincts singuliers relativement aux précautions dont ils s'entourent lors de la nidification. Il est parfaitement avéré (Vieillot l'a le premier signalé pour les Pies) que ces oiseaux construisent *deux* nids. A l'un, ils travaillent en plein jour à la face du monde ostensiblement; c'est un nid postiche qui ne servira point; l'autre est construit et achevé en silence, presque en cachette, aux premières heures du matin ou le soir; et c'est bien d'une ruse qu'il s'agit, ruse consciente et destinée à déjouer les indiscrétions, car, si on les surprend alors qu'ils s'occupent à avancer le nid véritable, ils le quittent aussitôt, regagnent l'autre en volant et font mine de se livrer ardemment au travail avec toutes sortes de manèges et de « grimaces » pour simuler une inquiétude qu'ils n'ont pas parce qu'elle est sans objet.

III

PHILOSOPHIE DES NIDS

Nous réunirons ici dans un dernier et court chapitre quelques faits et réflexions qui n'auraient pu, sans l'allonger considérablement, trouver place dans la revue qu'on vient de faire des nids d'oiseaux.

En maint endroit l'on a pu admirer la perfection des résultats obtenus par divers oiseaux. Ce n'est pas assez : il convient de se demander si tout cela est seulement le résultat d'un instinct aveugle, stationnaire et définitivement fixé, ou bien plutôt si l'on ne se trouverait pas en présence de faits psychiques qui sont les manifestations d'une véritable intelligence. A notre avis, et en s'en tenant aux faits signalés au cours de ce volume, la réponse n'est pas douteuse. Malebranche, qu'un philosophe de ses amis s'étonnait de voir molester une chienne qu'il aimait pourtant, fit, dit-on, cette étonnante réponse : « Comment! ne savez-vous point que *cela* ne sent pas? » Nous sommes persuadés, nous, que *cela* sent parfaitement.

Nous pensons que les animaux ont une intelligence et du cœur. Ils aiment, ils comprennent le danger, le redoutent, pour leur famille plus encore que pour eux-mêmes, trouvent mille ressources pour l'écarter, surtout des êtres qui leur sont chers. Ne sont-ce pas là des motifs de penser que *cela* sent quelque chose?

En voyant les oiseaux montrer tant de patience, faire dépense de tant de sollicitude éclairée pour l'éducation de leurs petits, imaginer mille ruses, les modifier s'il en est besoin, pour prévenir le danger ou déjouer les ennemis; manifester de la crainte à l'approche de ceux-ci, faire éclater leur joie quand ils ont disparu; enfin faire montre à l'heure du danger d'un courage qui va parfois jusqu'à l'héroïsme, il nous semble impossible de souscrire à l'idée des animaux-machines.

Une machine fonctionne toujours identiquement.

Peut-on en dire autant des animaux?

On l'a dit et cru des insectes. Les observations des Réaumur et des Huber, pour ne citer que ces noms, ont fait justice de cette manière de voir.

En ce qui concerne les oiseaux, n'y a-t-il point, dans les faits relatés au cours de cet ouvrage, de quoi résoudre la question dans le même sens?

Nous voulons apporter encore quelques faits à l'appui.

Il ne s'agit point ici de rouvrir une longue discussion sur les phénomènes purement instinctifs comparés aux manifestations intellectuelles : nous ne prétendons pas davantage, faire appel à tous les faits relatifs aux diverses circonstances où les animaux font preuve de discernement, de mémoire, d'intelligence enfin, autrement dit où les bêtes montrent de l'esprit.

Nous nous limitons aux oiseaux et, chez les oiseaux, aux particularités se rattachant à la nidification.

Faut-il croire par exemple, ainsi qu'on l'a souvent répété que, dans l'étendue d'une même espèce, tout se ressemble, tout se passe, comme cela s'est toujours passé, d'une façon immuable? Cela était possible tant qu'on n'a pas regardé les choses de près. Là où un observateur superficiel a peine à discerner une nuance, les Wilson et les Audubon ont surpris les diversités d'un art très variable. Les faits sont parfois d'ailleurs bien significatifs et bien frappants, et la vérité est aveuglante.

Il arrive au Faucon, qui niche sur les falaises, de déposer ses œufs à terre; l'Aigle doré abandonne parfois les rochers inaccessibles où d'habitude son aire est placée pour s'établir dans quelque arbre, ou même au ras du sol. Le Héron s'éprend tantôt d'un arbre, tantôt d'une roche; le Guillemot du Nord, qui redoute surtout le renard, fait son nid sur un rocher à fleur d'eau. En d'autres parages il fait, pour nicher, l'ascension de hautes falaises escarpées. Ne voit-on pas, par ces exemples (qu'on pourrait multiplier et auxquels il faut ajouter en les réunissant tous ceux que nous avons déjà signalés à propos des divers oiseaux étudiés), ne voit-on pas que les oiseaux savent modifier leurs habitudes et adapter leurs nids aux diverses stations qu'ils choisissent?

Le Bouvreuil ouvre son nid du côté opposé aux vents habituels. Cela est un fait qui nous semble indiquer déjà quelque discernement. C'est un fait d'instinct, dira-t-on. Soit. Mais de quel nom faudra-t-il nommer le changement de tactique si les conditions ordinaires viennent à changer?

Le Loriot ou Carange de Baltimore construit sous le climat chaud de la Louisiane un nid tissé à claire-voie que l'air traverse librement et l'expose au nord-est. Audubon a remarqué que, sous le ciel plus froid de New-York, le même oiseau rembourre son nid de laine et de coton et l'expose au midi. Quelle raison donnera-t-on de ce changement de front? Sera-ce encore l'instinct? Soit encore. C'est affaire de mots. Il faudra du moins accorder que cet instinct est singulièrement élastique, modifiable et susceptible de s'adapter à mille circonstances éminemment variables. Cet instinct-là pourrait bien s'appeler d'un autre nom.

Le savant naturaliste M. Pouchet, après une étude attentive d'un grand nombre de spécimens de nids d'Hirondelles conservés au musée de Rouen, avait cru reconnaître et pouvoir affirmer que ces oiseaux avaient dans la suite des âges modifié et perfectionné leurs constructions. On a contesté les conclusions de ce savant ; mais ceux-là même qui ne les ont point acceptées ne se trouvent-ils pas embarrassés pour expliquer comment l'Hirondelle de fenêtres se comportait aux âges préhistoriques? et diront-ils que cet oiseau, qui nichait alors dans les anfractuosités des rochers, n'a pas, sous l'influence du voisinage de l'homme, modifié ses habitudes?

On sait que l'introduction des chevaux en Amérique date de la découverte du Nouveau Monde par Christophe Colomb. Or, les Cassiques, dont le nid était autrefois tissé d'herbes, ont depuis remplacé ces herbes par des crins. Petit changement si l'on veut — changement quand même et adaptation à des conditions nouvelles. On pourrait multiplier les exemples. M. G. Leroy, auteur d'un traité sur la perfectibilité des animaux fait justement remarquer combien les nids des jeunes oiseaux sont inférieurs à ceux de leurs aînés. Dans un autre ordre d'idées, voici des faits non moins significatifs. Beaucoup d'oiseaux écartent soigneusement du voisinage de leur nid les déjections de la couvée qui pourrait trahir leur présence. S'ils nichent à découvert ou bien si, comme il arrive pour les Hirondelles, l'homme tolère leur présence et qu'ils soient assurés de n'avoir rien à redouter de lui, ces mêmes oiseaux si scrupuleusement soigneux naguère, montrent la plus grande insouciance sur le chapitre propreté.

Autre exemple tiré des mêmes hirondelles, et cité, croyons nous, par M. Meunier. Un couple d'Hirondelles avait établi son nid au-dessus d'une porte en l'absence du propriétaire; malheureusement, celui-ci revenu, on fait jouer une sonnette dont le fil passant par-dessus la porte se trouvait engagé dans le nid. Celui-ci fut à moitié démoli. Surprises de ce coup imprévu les Hirondelles se hâtent de réparer le mal. Nouveau coup de sonnette, nouveaux dégâts. Cette fois, instruits par l'expérience, et s'étant apparemment rendu compte des effets et des causes, nos deux architectes prirent le parti de ménager dans leur travail de remise en état du nid un conduit où le fil put se mouvoir librement sans rien déranger désormais ; et cela fait elles ne parurent plus s'en préoccuper autrement. Voilà, selon nous, qui dépasse les limites d'un simple instinct et la preuve d'une réflexion tout à fait étrangère aux procédés instinctifs légués tels quels par voie d'hérédité.

Enfin, pour en finir avec les Hirondelles, dont nous avons signalé les soins et la sollicitude pour leur couvée, on nous permettra de relater un petit fait dont nous avons été témoin tout récemment. Des Hirondelles avaient établi leur nid dans une étable ; elle y entraient fréquemment et quand elles sortaient elles rasaient les murs et s'éloignaient à tire d'ailes comme pour éviter d'attirer l'attention sur leurs allées et venues. Cela déjà était digne de remarque. Mais voici plus. Un chat qui logeait dans le voisinage venait quelquefois s'asseoir et faire sa toilette au soleil sur le pas de la porte de l'étable. Alors, et cela ne manquait jamais, les Hirondelles, justement méfiantes et inquiètes, accouraient en poussant des cris aigus et exécutaient une ronde furieuse effleurant chaque fois de leur vol, rapide comme l'éclair, la tête du chat que ce manège ne laissait point d'inquiéter. Las de secouer ses oreilles, de relever brusquement la tête en restant bouche bée, ou de lancer dans le vide sa patte toujours trop lente, il quittait la place et allait continuer sa sieste plus loin.

C'est tout ce que désiraient les hirondelles qui cessaient immédiatement leur course et leurs cris et, alors seulement, se risquaient à regagner leur nid.

Voici une autre observation : Un passereau n'avait trouvé rien de mieux que de faire son nid dans une boîte aux lettres fixée à la porte d'une maison de campagne appartenant à un de nos amis. L'ouverture, non pas la fente allongée par où l'on glisse les lettres de l'extérieur, mais l'ouverture intérieure, sorte de fenêtre qui permet de juger s'il y a quelque correspondance dans la boîte, avait semblé commode à l'oiseau et convenable comme entrée de nid. Il avait donc établi ses quartiers au beau milieu de la boîte, n'ayant pas compté avec le facteur. Celui-ci, non prévenu, glissa quelques lettres et journaux, d'où grand émoi, délibération sans doute et déménagement. C'est déplacement qu'il faut dire. Après quelques tâtonnements, l'oiseau avait en effet reculé son nid dans un coin, à distance convenable pour n'être plus dérangé, et les choses allèrent leur cours sans que ni l'oiseau ni le service de la correspondance n'eussent à souffrir.

Ajoutons qu'une fois les petits éclos, les parents, avant de leur apporter leur provende, ne manquaient jamais au début, perchés sur un arbre voisin qui leur servait d'observatoire, de s'assurer que personne ne les voyait. Tranquilles sur ce point, vite ils s'engouffraient dans le trou et disparaissaient pour un moment dans la boîte. Même cérémonie à la sortie.

Au bout de peu de jours ils y mettaient moins de façon. Familiarisés avec la figure de notre ami, et bien édifiés sur ses intentions pacifiques, ils allaient droit au nid. Mais venait-il un visage nouveau, les premières hésitations reparaissaient aussitôt.

Il nous semble que de tout cela il ressort clairement que l'oiseau est capable de réflexion et de discernement, et qu'il n'est pas seulement guidé dans ses actes par un aveugle instinct. Nous ne voyons d'aveugles en tout ceci que ceux qui nient l'évidence et s'obstinent à considérer, par je ne sais quel sentiment d'orgueil mal placé, l'intelligence comme l'attribut exclusif de notre espèce. Que l'on donne d'ailleurs à ces manifestations psychiques le nom qu'on voudra ! nous l'avons déjà dit, nous ne tenons point au mot. Intelligence ou instinct, peu importe : seulement, il faut alors modifier les définitions généralement reçues. Si l'on considère l'instinct comme une propriété primordiale de l'espèce, ce n'est pas l'instinct qui pousse en certaines circonstances, lorsqu'on touche par exemple à leur nid, divers oiseaux appartenant à des groupes bien distincts à déplacer leurs œufs ou à les cacher. Lorsque, voyant son nid menacé, un couple de rossignols (comptes rendus 1836) emporta ses œufs en lieu sûr le mâle d'un côté, la femelle de l'autre; quand on voit certains oiseaux transporter leurs petits sur leur dos pour les soustraire à un danger ou pour les mener à la pâture, soit au cours de l'éducation du vol; il n'y a point là d'instinct primordial ; mais cela peut devenir un instinct. Il suffit que l'habitude acquise se transmette par hérédité, et, devenant régulièrement transmissible, se fixe définitivement dans l'espèce.

Cela n'empêche point les actes intelligents d'être intelligents et les bêtes qui les accomplissent d'avoir de l'esprit. Le rusé manège des Pics pour tromper le monde sur la place de leur véritable nid est un instinct acquis aujourd'hui, d'ailleurs modifiable encore, mais dont la première manifestation fut un coup de génie.

Enfin, la recherche d'art dont font preuve divers oiseaux, et notamment la Chlamydodères et les oiseaux jardiniers, dans la construction de leurs nids ; et le chant des oiseaux, le chant qu'ils goûtent, qu'ils apprécient, qu'ils travaillent et perfectionnent, par lequel les rossignols, rivalisant d'habileté, de variations et de trouvailles de thèmes nouveaux disputent la femelle ravie d'aise de les entendre et qui se donne au virtuose le plus accompli ; tout cela démontre l'existence d'un véritable sentiment esthétique. Reste à savoir si l'on veut bien accorder que l'art et le sentiment du beau sont du domaine de l'intelligence.

Le Gérant : Henri Gautier.

IMP. NOIZETTE ET Cie, 8, RUE CAMPAGNE-PREMIÈRE, PARIS.

RÉCITS
DES
Grands Jours de l'Histoire

CONDITIONS DE VENTE :

Le volume : **Quinze Centimes** DANS NOS BUREAUX ET CHEZ LES LIBRAIRES

Un volume : **Vingt Centimes** 2 volumes : **35 Centimes** RENDUS *franco* PAR LA POSTE

Écrire à M. HENRI GAUTIER, éditeur, 55, *quai des Grands-Augustins*, *PARIS*

VOLUMES EN VENTE

N° 1 CINQ-MARS ET DE THOU, leur complot, leur captivité, leur mort, par le vicomte DE FONTRAILLES.
N° 2 LE MARIAGE DE LOUIS XIV, par Mme DE MOTTEVILLE.
N° 3 DEUX ÉTAPES DU RETOUR DE L'ILE D'ELBE. — NAPOLÉON A GRENOBLE ET A LYON, par HENRY HOUSSAYE, de l'Académie Française.
N° 4 LA DERNIÈRE PRISON DE MARIE-ANTOINETTE, par ROSALIE LAMORLIÈRE, servante à la Conciergerie.
N° 5 LA PESTE DE MARSEILLE EN 1720, par l'abbé PAPON.
N° 6 LA RÉCEPTION DU CZAREVITCH EN 1782, par la baronne D'OBERKIRCH.
N° 7 LA MACHINE INFERNALE DE FIESCHI, par Maxime DU CAMP, de l'Académie Française.
N° 8 LES PREMIERS JOURS DES ÉTATS GÉNÉRAUX (1789), d'après MARMONTEL.
N° 9 LA RÉVOLUTION DE 1830, d'après GERVINUS.
N° 10 L'AFFAIRE DU COLLIER DE LA REINE, par LAFONT D'AUSSONNE.
N° 11 LA BANQUE DE LA RUE QUINCAMPOIX, Law et son système, d'après SAINT-SIMON, DUCLOS, etc.
N° 12 BONAPARTE DICTATEUR, Le Coup d'État de Brumaire, par A.-V. ARNAULT.
N° 13 LA PRISE DE LA BASTILLE (14 Juillet 1789), par MARMONTEL.
N° 14 LE PROCÈS DE FOUQUET, d'après les lettres de Mme DE SÉVIGNÉ.
N° 15 LA PRISE DE L'HOTEL DE VILLE (31 Octobre 1870), par A. DUQUET.
N° 16 LA PREMIÈRE DÉFAITE DE LA COMMUNE (31 Octobre 1870), par ALFRED DUQUET.
N° 17 LA CHUTE DE LA MONARCHIE (Journée du 10 Août 1792), par le Comte RŒDERER.
N° 18 NAPOLÉON A BAYONNE et L'AVENTURE ESPAGNOLE DE 1808, par LOUIS LABAT.
N° 19 L'ASSASSINAT D'HENRI IV, d'après le journal de PIERRE DE L'ESTOILE.
N° 20 LE TSAR ET L'EMPEREUR. — Entrevue d'Erfurt.
N° 21 LA DERNIÈRE TENTATIVE DE CHARLES-ÉDOUARD STUART, par VOLTAIRE.
N° 22 MON AGONIE DE 38 HEURES. LES MASSACRES DE SEPTEMBRE, par JOURGNIAC DE SAINT-MÉARD.
N° 23. UNE AMBASSADE AU SIAM SOUS LOUIS XIV, d'après les mémoires du comte de FORBIN et de l'abbé DE CHOISY.
N° 24 LE TESTAMENT DE CHARLES II d'ESPAGNE, par le duc DE SAINT-SIMON.
N° 25 LES ÉMEUTES DE JUILLET 1789, par le baron de BISENVAL.
N° 26 L'INSURRECTION DU 13 VENDÉMIAIRE, par LACRETELLE.
N° 27 LA RÉVOLUTION DE 1848, d'après un récit de M. THIERS.

IMPRIMERIE NOIZETTE ET Cie, 8, RUE CAMPAGNE-1re, PARIS.

www.ingramcontent.com/pod-product-compliance
Ingram Content Group UK Ltd.
Pitfield, Milton Keynes, MK11 3LW, UK
UKHW012118240726
13965UKWH00005B/1827

9 782013 365451